走进奇妙的几何世界

魔幻立方体

[英] 格里·贝利　　[英] 费利西娅·劳 著

[英] 迈克·菲利普斯 绘　　李耘 译

北京联合出版公司
Beijing United Publishing Co.,Ltd.

跟着雷奥学几何

雷奥生活在距今 30000
年前的旧石器时代，是当时
最聪明的孩子。

高智商，创造力堪比
达·芬奇，还远远、远远
走在时代前沿……

这就是雷奥！

这是兔狲帕拉斯——
雷奥的宠物。

帕拉斯是野生猫类，说他是旧石器时代的也没错，
他的祖先可以追溯到好几百万年前，可比雷奥的祖先出
现得早多了！现在已经很少能看到兔狲了，除非你去西
伯利亚北部（俄罗斯的最北边）冰冻、寒冷的荒原。

在俄罗斯北部偏僻的高原
地带仍然可以看到兔狲。

目录

玩转立方体

雷奥和帕拉斯在玩"画甲虫"的游戏。

雷奥告诉帕拉斯游戏规则——每掷一次骰子，他可以画什么。

"如果掷的是六，你可以画身体，"他说，"而且，只有掷出六的时候，你才可以开始游戏。"

"然后呢，掷出五，你就可以画头了；掷出四，你可以画一只翅膀；掷出三，你可以画一条腿；掷出二，你可以画一个触角；掷出一，你可以画一只眼睛。

"全画完的时候，你就大喊'甲虫'，那样你就赢了。"

雷奥和帕拉斯开始轮流掷骰子。
游戏进行得不错，雷奥的甲虫快画完了。

"老鼠！"帕拉斯叫道。
"老鼠？"雷奥问。
"猫不喜欢甲虫。"帕拉斯说，"猫喜欢老鼠！"

看来帕拉斯赢了！

骰子游戏

骰子游戏是一种桌上游戏。玩游戏前需要准备一对骰子、一个碗、硬币、若干贝壳，还有一张牦牛皮垫子。

将贝壳在垫子上摆成一个圈，三位玩家每人手持九枚硬币作为筹码，游戏开始后玩家轮流掷骰子，按照点数移动硬币，最先走完所有贝壳的人获胜。

骰子

骰子的形状是一个立方体，许多桌面游戏中都会用到它。骰子的每个面上都有点，点的个数代表一个数字。立方体有六个面，所以就有六个数——一到六。任何两个相对的面上的数加起来，都是七。

四条边，四个角

雷奥要做一个正方形的木框，把花园围起来，保护胡萝卜。

"这可以防止鼻涕虫进入花园。"他说。

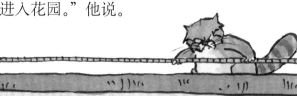

他找到一根长木杆。

"来帮我把它锯成两段。"他对帕拉斯说。

帕拉斯虽然不喜欢胡萝卜，不过还是帮起了忙。

"现在，再帮我把它们都锯成两段。"雷奥说。

就算鼻涕虫把胡萝卜都吃光了，帕拉斯也不在乎。但他说过，不管怎样他都会帮忙。

最后，雷奥就有了四根一样长的木杆。

正方形

立方体的每个面都是一个正方形。

正方形有四条边，每条边都一样长。

相邻两边长度相等，用符号"‖"来标记。

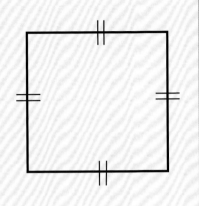

正方形的四个角的大小也相等。

正方形相邻两边相交形成的角都是直角。

角的大小用度来表示，写作"°"。

直角是90°的角。

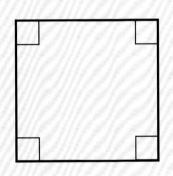

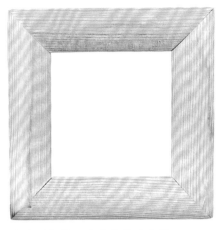

这个画框是一个完美的正方形。

在跳房子游戏中，游戏者从一个正方形跳到另一个正方形中。

"麻烦的是这个木框拦不住兔子，兔子可喜欢胡萝卜了。"雷奥说。

帕拉斯告诉他不用担心，他能拦住兔子。

"猫不喜欢鼻涕虫或者胡萝卜，"帕拉斯说，"但毫无疑问，猫喜欢兔子。"

饼干做成正方形，更便于装盒。

角

"航海太好玩了，"雷奥说，"这样度过一天真不错。"

"我晕船，"帕拉斯说，"我觉得一点儿都不好玩。"

"抓紧了！"雷奥说，"风变大了，我们可以开得更快。"

但是，在雷奥弯下身子调整船帆的时候，一阵强风从侧面吹过来。船头高高翘起，和海面形成了一个锐角。"嗷！"帕拉斯嚎叫起来。

强风又从另外一个方向吹过来，船头翘得更厉害了。

"嗷！嗷！"帕拉斯大叫着。

又一阵强风吹过，小船彻底翻过去了。

"好了！"雷奥说，"我去找人帮忙，你坚持住。不过求你——别再'嗷'了。"

但帕拉斯已经"嗷"不出来了！

角

角是两条直线相交形成的图形。

角是有大小的，两条直线张开得越大，角就越大。

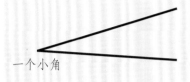

一个小角

一个大一些的角

上面这两个角，两边相交的地方非常尖，它们的度数都小于90°，叫作锐角。

这个角是直角。立方体的每一个角都是直角。

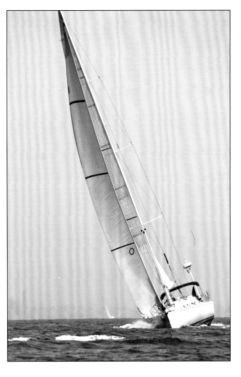

风能把一艘帆船吹歪，但船底的设计可以防止船翻覆。

度

角的计量单位是度。

在角的两条边的相交处画一条弧线，用来表示角。

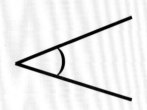

木匠借助角尺将木料锯成直角。

摩托车赛车手能将摩托车倾斜到一个惊人的角度，这个角叫作倾角。摩托车与垂直方向的夹角能超过60°。

融化的立方体

雷奥和帕拉斯在爬山，越到高处，气温就越低。他们坐在小溪旁，舀了一些冷水来喝。

到了更高的地方，水结冰了。雷奥和帕拉斯舀起松软的雪，放在嘴里让它们慢慢融化。

到了山顶，他们敲下冰柱，像舔棒棒糖那样舔着冰柱。

"雷奥，"帕拉斯说，"我们家里怎么没有冰？那种方形的小冰块，可以让饮料变凉！"

雷奥想了一会儿。"对啊！"他说，"我来做个放冰的箱子，就叫冰箱吧。大块的冰可以让这个箱子一直保持低温。"

"我只是想给我的饮料加点儿小冰块。"帕拉斯说。

"没问题，"雷奥说，"我会做个带格的盘子，然后，咔嗒——冰块来了！"

立方体

立方体是一种三维图形，有长度、宽度和高度。

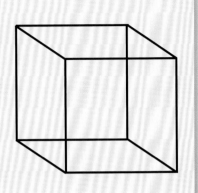

立方体有六个面，每个面都是一个正方形。

立方体有十二条边，边也叫作棱。

立方体有八个顶点。

顶点是相邻三个面相交的地方。

立方体上的每个角都是直角，为90°。

冰块

方糖

立方体形状的积木

箱形房屋

帕拉斯想要一间新的屋子。

他希望这间屋子有牢固的四壁，没有裂缝，没有小洞，这样灰尘和风就钻不进去了。

他还希望新屋子能有一扇门，关上门之后可以安安静静，不被打扰。

"可你一直是睡在我床上的，"雷奥说，"为什么要换地方？"

"你打呼噜。"帕拉斯说。

"那好吧。"雷奥同意了，然后开始画草图。

他的草图是六个正方形，排成了一个十字。

"每个正方形都用木头做框架，中间铺兽皮，"雷奥说，"你会很舒服的。"

正方形做好后，雷奥把它们连在了一起。
一个底面，四个侧面，还有一个面是盖子。

帕拉斯爬进去试了试大小。

"太完美了，"他从里面喊道，"大小正合适。只是有一个问题，我怎么出去？"

展开图

展开图是数学中展示框架结构的一种方式。

展开图展现出一个三维图形展开并平铺的样子。

立方体的展开图是这个样子的。它由六个面组成，每个面都是正方形。

做立方体时，需要在某几条边上加上折边，在折边上面涂上胶水，就可以把展开图粘成立方体。

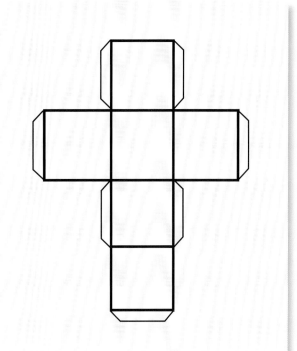

原子球塔

位于比利时布鲁塞尔的原子球塔是一座庞大的立方体雕塑，它由九个球体连接构成，是放大了 1650 亿倍的铁晶体结构的模型。这是为 1958 年的世界博览会建的，用以展现科技的进步，尤其是出于科学研究目的对原子能的和平利用。

空间

雷奥需要一个新的储藏室，他发现了一个山洞，正合适。

地面是方的，墙是方的，天花板也是方的。

"我要叫它立方体储藏室。"他说。
"你要在这儿放什么？"帕拉斯问。

"不放什么，"雷奥说，"我打算把这个地方分成小的立方体储藏室，然后租出去。"

帕拉斯说他想全都租下来。
他需要空间来存放他的骨头。

"我能租多少个小的立方体储藏室？"帕拉斯问道。
"你的那堆骨头有多少？"雷奥问。

"你需要算一下骨头堆的体积，也就是它所占空间的大小。这样你就可以知道需要租多少个立方体储藏室来放骨头了。"雷奥说。

帕拉斯叹了口气："我看我还是现在把它们都吃了吧。"

集装箱都是长方体形状的，这样比较容易装卸。

测量集装箱内部空间的大小以确定可以装入多少货物。

立方体的体积

立方体或长方体是占一定空间的三维图形。如果知道了各条棱的长度，就可以算出它会占多大的空间。

比方说，一个立方体长 3 厘米，宽 3 厘米，高 3 厘米。你想知道它所占空间的大小，也就是它的体积的话，只要用 3 厘米 ×3 厘米 ×3 厘米就可以得出答案了。

答案是 27 立方厘米，由于这是测量立方体的体积，所以体积单位要写成立方厘米。答案也可以写成 27cm³。

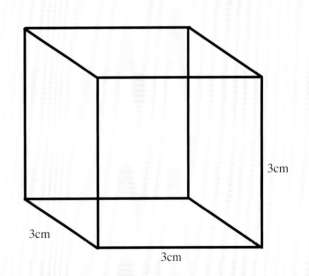

3cm

3cm

3cm

立方体之家

帕拉斯有了新家，对于一只猫来说再完美不过了。

"简直完——美！"帕拉斯说。

他请了亲戚们来参观，他的叔叔阿姨、表兄弟姐妹——甚至远房亲戚——都一致认为帕拉斯的新家太完美了。

事实上，他们都想要一个！

他们请雷奥建造更多的立方体房屋，就建在帕拉斯新家的旁边。
"这叫大猫立方体连栋房屋。"雷奥说。

然后又来了一些猫，也想要这样的新家……

雷奥开始往大猫立方体连栋房屋上面摞新房屋。
"这叫大猫立方体公寓。"雷奥说。

越来越多的猫来了……
"这叫大猫立方体之城。"雷奥说。

"真是够了！"帕拉斯说，他可是喜欢安静的，"我要搬家！"他说。

这些长方体形状的房子位于荷兰。它们朝一个角度倾斜，一个靠着一个以保持稳固。

这些架在支架上的立方体其实是蜂群的家，每一个里面都住着蜜蜂。

找矿石

　　"我们要去找矿石，"雷奥说，"希望你已经带上工具和标本袋了。"
　　"不想再找了。"帕拉斯抱怨道。

　　"这是地质学，"雷奥说，"研究的是我们地球的物质组成，你得知道这些事儿。"

　　他们很快就找到了一些好玩的石头。这些石头是立方体形状的，像金子一样亮闪闪的。

　　"嘿，"帕拉斯说，"我们发财了。"

　　但是雷奥告诉他这根本不是金子，而是一种被称为黄铁矿的矿石，虽然看起来像金子，但它并不是。
　　"这叫愚人金，"他说，"因为有的猫傻到认为这就是金子。不过你没有那么傻，是吧，帕拉斯？"

石榴石晶体

两种硫化铅晶体

方铅矿晶体，也是一种硫化铅。

一些矿物晶体，如石盐、铅、黄铁矿和石榴石，都是立方体形状的。

石盐晶体

愚人金

和黄金不同，黄铁矿在地壳中分布广泛，常与许多矿物共生。因为是黄铜色，过去常被误认作黄金，所以被称为愚人金。

实际上要区分黄铁矿和金子很容易。黄铁矿颜色更浅，质地更坚硬，比方说用指甲在上面划就划不出痕迹。不过黄铁矿很脆，受敲打时容易破碎。

黄铁矿晶体呈立方体状。

砖

雷奥在用黏土做陶罐。
他搭了一个做陶器用的转盘。

他把一团黏土放在转盘上，接着快速地
转动转盘，同时小心地又压又推，把黏土做
成各种形状。

然后，他把这些半成品放到太阳下晒，
直到它们变干变硬。

最后，他做出了漂亮的水壶、罐子、
碗，还有把手精美的茶杯。

帕拉斯也拿了一团黏土。
他认真地又压又推，把黏
土做成了另外一种形状。

他把黏土放到太阳底下
晒，直到它变干变硬。

他做出了一块砖！

20

长方体

长方体看起来像是把立方体拉长了。跟立方体一样，它也有六个面，八个顶点，十二条棱。

立方体每条棱的长度相等，每个面大小一样，但长方体相对的两个面大小一样，平行的四条棱长度相等，其中有四条棱比其他各条棱长。

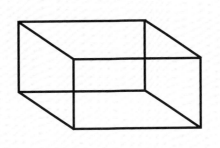

玩"层层叠"这种游戏的时候，要先将长方体木块交错叠成高塔。

砖

砖是典型的长方体，它的长边比宽边和高边长。砖被用来筑墙和建房子已经有很多年的历史了。砖可以由黏土、石灰、沙子、水泥甚至切割过的石头做材料，经过加工、日晒定型并干燥后制成。最早的砖是用黏土做的，这种方法沿用至今。

把柔软的黏土放入模子中，等黏土变干时，把它倒出来，然后在太阳下完全晒干。

21

墙

"看这乱七八糟的，"雷奥喊起来，"有动物闯进了我的菜地，拱了菜根。"

"不是我干的。"帕拉斯说。

"嗯，有什么东西来过这儿。"雷奥说，"今天晚上我会看着，以防它再回来。"

雷奥和帕拉斯整晚没睡，看着菜园。

"你看！"雷奥低声说，"偷菜贼回来了——它好大啊。"

"我看还是算了吧。"帕拉斯说。

那头巨大的疣猪到处翻来翻去，拱了好多蔬菜，最后慢吞吞地走了。

"有办法了！"雷奥说。第二天他在菜园四周筑了墙。

那面墙很管用。

图中的这个防波堤位于西班牙，是用漆了明亮颜色的立方体建成的，用来保护码头免受巨浪冲蚀。

人们把砖做成容易堆放的形状。上面的砖应放在下面两块砖的接缝处，这样墙会更加稳固。

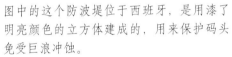

瓦工正在砌墙。上一层的砖一定要盖住下一层的两砖之间的缝隙，这样砌好的墙会更坚固。水、沙子和水泥混合成砂浆，用来把砖块黏在一起。

魔方

雷奥一边转动手里的魔方，一边努力地思考着。

"那是什么呀？"帕拉斯问。

"是个数学难题，"雷奥说，"它设计得很精巧。你仔细看看，会发现这是由很多个小的彩色立方体组成的大立方体，这些小立方体都可以动，同时大立方体也不会散架。"

雷奥做给帕拉斯看，他转动那些小立方体，大立方体表面的颜色也在变化。"为什么呢？"帕拉斯问，"我们为什么要浪费时间做这个？"

"这是个智力测验。"雷奥说，"你要转动这些小立方体，然后让大立方体的每一个面都只有一种颜色。来，你试试。"

帕拉斯扭啊转啊。他没把颜色转好，反倒把大立方体卸成了小块。"对于难题，猫有不同的解决办法。"他告诉雷奥。

魔方

匈牙利一位名叫厄尔诺·鲁比克的雕塑家和建筑师，在大约四十年前发明了魔方。这是由二十六个小立方体组成的立方体玩具。大立方体的六个面都可以独立转动。

小立方体的面一共有六种不同的颜色，被随机排列，玩法是通过转动让大立方体的每一个面都只有一种颜色。魔方是很受欢迎的玩具。

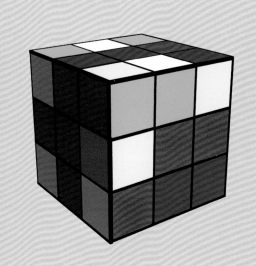

同样大小的立方体可以堆成一个牢固的底座，因为它们一个摞一个，大小刚好。

堆积木

积木被设计成立方体的形状，可以一个摞一个。立方体是对称的，也就是说不管你怎么翻转它，它的一半和另一半总是一模一样。

立方体可以一个套一个，一直向上套，这种形状因此被用在了很多摩天大楼的设计上。

立方体艺术

"我要给你画幅肖像，"雷奥说，"站那儿别动。"

帕拉斯听话地站着。

雷奥调好颜色，洗好画笔，准备好画布。他在画框上撑开一张兽皮，再把画框牢牢地放在架子上。

帕拉斯打了个哈欠。
"别打哈欠！"雷奥说。

帕拉斯打了个喷嚏。
"别打喷嚏！"雷奥说，"如果你总是动来动去，我就没法画出一幅完美的肖像了。"

他画啊画啊。
帕拉斯睡着了。

等他醒过来，雷奥已经画完了。
那是一幅立体派的肖像，雷奥觉得很不错。

他希望帕拉斯也这么认为！

立体派

立体派画家并不是将他们看到的事物的实际样子画下来，而是把画面分成各种形状，这些形状常常是正方形和立方体。

他们移动并重叠各种立方体，以形成一种异于寻常的，有时甚至是骇人的视觉效果。他们力图展现一个主体在同一时刻的不同方面。帕布罗·毕加索和乔治·布拉克是立体派的领军人物。

你能看出这幅画中的脸吗？

这座雕塑叫作红立方，位于美国纽约。日裔美国艺术家野口勇凭此作品获得了很多奖。

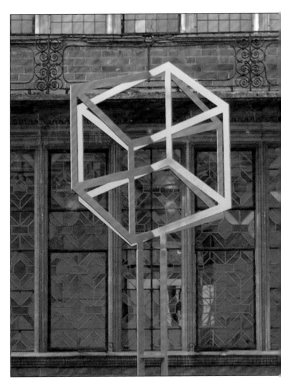

苏雷什·达特的这座雕塑作品名为描绘立方体（蓝），展示了立方体网格的概念。这座雕塑在伦敦各地轮流展出。

27

出乎意料的立方体

雷奥想让他的小拖车停在斜坡上，但小拖车的轮子总是往下滚。
雷奥决定发明点儿什么有用的东西。

他发明了刹车，一种能阻止轮子转动的小障碍物。
真是个聪明的发明！

帕拉斯也碰到问题了。

他也决定发明点儿什么东西来阻止
小车往下滚。

帕拉斯发明了一种新轮子。

新轮子方方正正的，根本就不转！

改变形状

一样东西看多了，你就习惯了它的形状，而且看得越多，它在你脑子里的形象就越固定。比方说，球是圆的，盒子是立方体的。改变某样东西的形状可是个挑战。

但是，科学家和制造商们希望我们接受新事物。球形的水果和蔬菜不便装箱和储藏，如果是立方体形状的就容易多了。你会吃立方体形状的苹果吗？

水果总是圆形的——真的吗？这个猕猴桃就是方的。

这棵树被修剪成了方形，挑战我们固有的审美。

苹果如果是这个形状的，装箱和储藏就容易多了。

日本科学家已经培育出方形西瓜，方形西瓜更容易堆放，占用的空间也更小。

29

装进盒子里

纸箱的使用仅有大概两百年的历史，但它很快就广受欢迎，被用在各类物品的包装上。

现在我们早已习惯用箱子、盒子装东西，贵重的珠宝装在珠宝盒中，医疗用品放在急救箱中，午饭放在饭盒里。

"小丑盒"是一种儿童玩具，小丑会从里面弹起来，吓人一跳。

纸箱的发明，让包装东西变得容易多了。

巢箱给鸟儿们提供了一个特别的家。

邮筒

警亭

信箱

便携工具箱

打开盒盖，音乐盒就会播放音乐，
还有小人儿在跳舞。

"潘多拉的宝盒"雕塑

潘多拉的宝盒

　　潘多拉的故事是一个古老的希腊传说。潘多拉是天神用黏土创造的一位女性，在她诞生后，每一位天神都要送她一件特别的礼物。雅典娜教她女红，阿佛洛狄特赐予她优雅，赫尔墨斯教给她言语的技能。

　　宙斯给潘多拉的礼物是一个关着的盒子，并反复叮嘱她不要打开。但是很快，她的好奇心就占了上风。

　　糟糕的是，盒子里关着会伤害人类的各种邪恶的事物。当潘多拉打开盒子的时候，疾病、干旱、瘟疫……所有可怕的东西都飞了出来。结果，大地和海洋都被邪恶充斥着。

　　但有一样东西还没来得及飞出盒子，惊慌的潘多拉就把盒子关上了，那件东西就是希望。

术语

集装箱是海运中用来运输货物的大型金属箱子。

长方体由三组相同的面组成，可能有两个面是正方形，但其他四个面一定是长方形。

晶体是原子或分子按照一定的周期性在空间排列形成的物质。晶体有不同的形状，石盐的晶体就是立方体形状的。

展开图展现了一个三维图形被打开、平铺之后的样子。

立方体的体积表明它占据了多少空间。

索引